漫畫區塊鏈

王俊嶺 —— 著

成成 —— 繪

責任編輯　　　林　冕　李　斌

封面設計　　　a_kun

書　　名　　漫畫區塊鏈

著　　者　　王俊嶺

繪　　畫　　成　成

出　　版　　三聯書店（香港）有限公司

　　　　　　香港北角英皇道 499 號北角工業大廈 20 樓

　　　　　　Joint Publishing (H.K.) Co., Ltd.

　　　　　　20/F., North Point Industrial Building,

　　　　　　499 King's Road, North Point, Hong Kong

香港發行　　香港聯合書刊物流有限公司

　　　　　　香港新界大埔汀麗路 36 號 3 字樓

印　　刷　　美雅印刷製本有限公司

　　　　　　香港九龍觀塘榮業街 6 號 4 樓 A 室

版　　次　　2020 年 9 月香港第一版第一次印刷

規　　格　　特 16 開（148 mm × 210 mm）240 面

國際書號　　ISBN 978-962-04-4651-1

　　　　　　© 2020 Joint Publishing (H.K.) Co., Ltd.

　　　　　　Published & Printed in Hong Kong

推薦語

　　"腦洞"大開的表達，言之成理的邏輯，俊嶺把複雜的技術問題拆解得條理分明。毫不吃力的閱讀體驗卻能收穫滿滿的乾貨。這是帶你進入區塊鏈世界的理想的入門書。

——龍兵華　騰訊網編委

　　語言流暢幽默，毫不晦澀，比喻形象又不乏嚴謹性，令人拍案叫絕，引人入勝。而且有很高的專業性，視野開闊，是快速了解比特幣和區塊鏈的好選擇。

——李　剛　英特爾（中國）研究中心軟件工程師

　　一本用心之作，輕鬆翻閱同時滿載而歸。區塊鏈領域的"九陰真經總綱兼內功修習指南"。知識應該是有用的，應該是有趣的，應該是指向更廣大世界的，應該是與生活息息相關的。本書同時達到了以上目標。

——于　翾　搜狗算法研究員

區塊鏈潮起潮落，有多少人還在真正了解區塊鏈技術的神奇？俊嶺的書畫風新穎有趣，內容舉重若輕。若不想止步於一知半解，那麼且聽他娓娓道來。

——鄔小龍　大眾汽車集團亞洲未來中心用戶體驗研究員

比特幣和區塊鏈一直都是科技和投資界的熱點。在追逐熱點的喧囂之中，《漫畫區塊鏈》是一本有趣、易懂的書。它把複雜的區塊鏈知識，用圖文並茂的形式展示出來。這本書能讓讀者透過喧囂，進一步理解區塊鏈的本質和應用前景。

——李　寬　《B端產品經理必修課》作者

作為我很欣賞的學生之一，俊嶺的技術基礎我從未懷疑。不過看了這本書，還是讓我驚歎於他講故事的能力。"理工男"的幽默感，來自天馬行空的想像力。

——馮蘊雯　西北工業大學航空學院教授、博導

俊嶺的書和他的人一樣，風趣幽默，卻又不乏洞見。他的《漫畫區塊鏈》通俗易懂，同時很好地保留了精確性。如果你想對區塊鏈有比較透徹的理解，這本書是便捷的門徑。

——祖連鎖　清華大學副教授

表現形式新穎，深入淺出的講解不僅反映了作者扎實的知識功底和敘述能力，也體現了滿滿的誠意。看了俊嶺的書，你就會發現區塊鏈並不神秘。

——王志喬　中國地質大學副教授

打開黑箱，庖丁解析區塊鏈

　　對區塊鏈感興趣的朋友，大概都聽說過那個“最貴的比薩”的故事。這件事發生在 2010 年。回想一下，2010 年您在做什麼？就在那一年的 5 月 22 日，一位名叫拉斯洛・豪涅茨（Laszlo Hanyecz）的美國程序員幹了一件永載史冊的大事——他用 10000 枚比特幣買了兩個比薩餅。這是歷史上第一筆有記錄的比特幣交易。事後這位程序員還自豪地把比薩的照片發到論壇上。且不論 2017 年 12 月 17 日最高值每枚 19783 美元，按照 2019 年 6 月 27 日每枚將近 14000 美元的價格，這些比特幣將近 1.4 億美元；不過，9 年前 10000 枚比特幣的“市值”僅為 25 美元（兩個比薩的價值），幾年間翻了幾百萬倍。不知道這位程序員現在過得怎麼樣，他現在是為這筆後來驚天動地的交易自豪，還是悔恨呢？

　　比特幣是一種基於區塊鏈技術的加密貨幣。隨著比特幣價格猛漲，區塊鏈概念在國內也火起來了。一時間“幣圈”、“鏈圈”風起雲湧，熱錢源源湧入。

　　廣大人民群眾也有點坐不住了，各種區塊鏈相關的微信群、QQ群、網絡論壇瘋狂生長。不過，儘管公眾關注度如此之高，但真正對區塊鏈技術有比較透徹了解的人卻寥寥無幾，大部分人都被隔絕到了信息壁壘之後。

　　最初意識到這種信息不對稱，還是我在澳大利亞詹姆斯庫克大學唸碩士的時候。那時我正在修密碼學和網絡安全的課程，研究方向是分佈式系統，寫的論文是關於比特幣的信息安全。當時區塊鏈在國內勢頭正勁，連我所在的一個以讀書為主題的微信群也熱烈地討論起來。不過大多群友對於區塊鏈到底是什麼還不清楚。於是我趁著春節回國的機會，給幾個朋友做了一個關於區塊鏈技術的分享會。講完以後，一個在 IT 公司專門研究算法的朋友說：「聽過很多人講區塊鏈，這一次終於算是明白了。」專業人士尚且如此，更不用說普通讀者了。

　　為了讓沒有技術背景的朋友也能理解區塊鏈原理，本書嘗試用文字加漫畫的形式，把區塊鏈技術最核心的部分用輕鬆易懂的方式呈現出來，讓您在會心一笑的同時，收穫一點乾貨。本書不僅講區塊鏈的應用與投資，更會用將近一半的篇幅詳細解讀區塊鏈的技術原理。「我又不是程序員，理解技術有什麼用？」也許有些朋友會這樣問。「僅僅介紹區塊鏈的功能不就可以了嗎？」其實不然。內部原理不清，則外部功能不明，區塊鏈在各位讀者的眼中還只是一個黑箱。現在各種喬裝打扮的項目出來招搖過市，正是利用了人們對這個黑箱的不了解，用各種看似神秘的話術忽悠人。

作為黑箱的區塊鏈，其行為難以描述

"庖丁解鏈"，解析內部原理，應用前景一目了然

要想判斷這些外表光鮮、高大上的項目靠不靠譜，最好的辦法就是打開黑箱，花幾個小時的時間把區塊鏈的基本原理搞清楚。這樣，對於任何忽悠也就洞若觀火了。相信大家都讀過庖丁解牛的故事，那麼今天我們就嘗試一下"庖丁解鏈"，把區塊鏈從最容易入手的地方"肢解"，讓大家看個究竟。

　　為了讓大家輕鬆愉悅地享受閱讀，本書設置了兩個主人公。他們有趣的對話可以幫讀者釐清思路，並緩解"燒腦"的疲勞。書中還特別設置了"酵鏈劃重點"板塊，用幾句話總結章節的核心內容，便於您記憶和查閱。當然，某些章節由於篇幅短，又容易理解，沒有"劃重點"的必要，也就不再畫蛇添足了。本書依次分為"技術""應用""投資""八卦"四篇。每一篇的內容都為下一篇提供知識儲備，因此按順序閱讀"療效"更佳。本書末尾還有常用區塊鏈詞語的中英文索引，您在查資料的時候也能用得著。

　　相信讀者看完本書後，能夠更好地理解區塊鏈，能夠更準確地判斷一個項目的成色，成為有底氣的分析者而不是盲目跟風者。

2019 年 7 月 3 日

目 錄

投資篇

技術篇

區塊鏈是什麼

為了搞清楚區塊鏈到底是什麼，首先請出本書的兩個主角：王酵鏈和莫九九（暱稱小九）。

好說好說！
初次接觸區塊鏈，
就像登陸一個陌生的星球，難免有
些困惑。就讓我來給你做個導遊，
看看區塊星球上的
風景吧！

王酵鏈，請問區塊鏈到底是什麼？

區塊鏈是一個公開的數據列表，其中的每一份記錄被稱作一個區塊。這些區塊像鏈條一樣連成一串，越來越長，所以就叫做區塊鏈啦！

像成語接龍一樣嗎？

嗯，有點兒像。

成語接龍的相鄰詞語之間必須有某種聯繫，才能形成一個鏈條。區塊鏈與此類似，不過相鄰區塊之間的聯繫要複雜得多，細節稍後再講。

那麼王醇鏈，
區塊鏈到底有什麼
功能呢？

區塊鏈就是
一個沒有中心，能安全
存儲和傳送信息，還能達
成共識和完成交易的
網絡系統！

明白了，你說的好
像甜甜圈外賣！

什麼？甜甜圈
是什麼鬼？

你聽我說呀……

1. 沒有中心（空心的）

2. 安全存儲和傳送

3. 達成共識

4. 完成交易

這不正好是甜甜圈外賣嗎？

呦呵！雖然暴露了你的吃貨本質，這幾個關鍵詞抓得還挺準。我們之後會逐個介紹。

　　比特幣就是一個典型的區塊鏈系統。雖然稱作"幣"，但它卻並沒有實體形態，也沒有銀行或政府控制它的發行。

創始於 2009 年

創始人　中本聰

目前流通量約 1770 萬枚（2019 年）

預計數量上限 2100 萬枚（2140 年）

Bitcoin
比特幣

現在，關於
區塊鏈，你只需要
知道三個事實：

1. 每一個區塊都是一份電子
   數據。

2. 一串區塊通過某種關係首
   尾相連，形成鏈條。

3. 區塊鏈是軟件，存在電腦
   硬盤裏，是摸不到的哦！

如果有人向你兜售實體的、可以摸得著的區塊鏈，必是騙子無疑。

中心式系統，全靠領導英明

既然你對甜甜圈這麼感興趣，那麼就從"沒有中心"這個特點講起吧！

　　區塊鏈是一個分佈式系統，又叫去中心化系統。想理解這個概念，要先從節點說起。節點並不是節日點心的意思，而是指網絡通信中的各種設備。

中秋節的點心並不是節點

　　請看下圖，圖中每個圓點都代表一個節點。左邊刺蝟狀的結構就是中心式網絡，右邊漁網一樣的結構就是分佈式網絡。

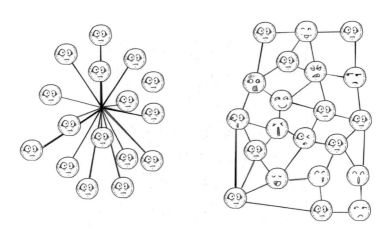

中心式網絡與分佈式網絡

中心式網絡就像一條大章魚，一個大腦，很多觸手。每一個節點都信任和服從同一個"老大哥"。

而分佈式系統就像珊瑚，每個節點都是平等的，它們互相交流，卻不互相服從，看起來像一盤散沙，鄰里間卻能和諧相處，"共建家園"。

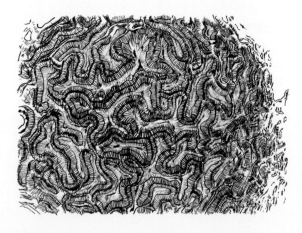

珊瑚的複雜結構並不是一個"核心"設計的結果，而是成千上萬彼此獨立的珊瑚蟲互動的產物，真可謂"造化天成"。

那麼，中心式系統有什麼優缺點呢？它的優點是，有"老大哥"罩著，沒人敢"炸刺兒"。就算有想渾水摸魚撈好處的參與者，也很難得逞。不過"老大哥"也不好伺候，一個詞兒——"麻煩"！

中心式系統，一切操作必須經過中心管理者

例如，我們和朋友吃飯，用手機支付 AA 賬單。看起來好像面對面操作，錢從一個人的手機"嗖"的一聲飛到了另一個人的手機裏。

但是，你真是不知道"小錢錢"的苦啊，你"嗖"的一下很方便，人家卻要跑斷腿。支付數據要先傳送到中央服務器，處理完後，再分發回用戶手機裏，而且往往來回好幾趟！

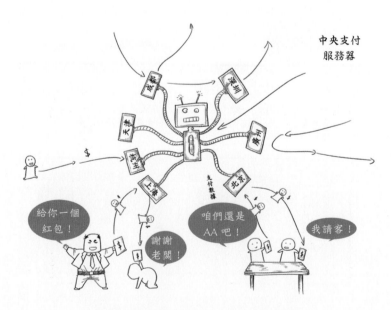

看似面對面完成的交易，其實走了很遠的路

中心式系統依賴於一個繁忙的服務器。如果這個服務器掛了，整個系統就可能癱瘓。

一旦服務器被攻擊癱瘓，整個系統隨即崩潰

另一個問題是，一旦這個中心管理者想幹壞事，沒人能攔得住他。就像漢朝的王莽曾經發行一種名為"一刀平五千"的貨幣，藉此聚斂民間財富。

中心管理者一旦胡來，系統就危險了

　　為了謹防"老大哥"關鍵時刻掉鏈子，人們期待有一種沒有中心的信用保障方式。在廣大人民群眾的期待中，以區塊鏈為代表的分佈式系統橫空出世。

區塊鏈橫空出世

分佈式系統，缺了誰地球照樣轉

在大自然當中，除了珊瑚，另一個分佈式系統的例子是螞蟻。人們常以"命若螻蟻"形容弱小，然而很多隻螞蟻的合作卻能"幹大事兒"，而且是在沒人領導的情況下。

螞蟻可以在沒有統一指揮的情況下出色地完成複雜工作

您也許會問，蟻后不就是領導嗎？其實，蟻后就是一台"繁殖機器"，連日常生活起居都需要工蟻們照顧。螞蟻的傑出工作都是"自組織"的結果。

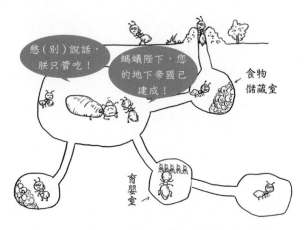

蟻后只充當"繁殖機器"，並不能指揮工蟻的工作

　　正因為蟻群沒有領導，所以也就不存在服務器"宕（down）機"的問題。任何一部分工蟻的損失都不會給蟻群造成致命的打擊，只要蟻后再生一些就是啦！

分佈式網絡中，一部分節點的故障不會影響整個系統的運行

螞蟻都是誠實、肯幹、不怕死的，然而人類是會撒謊、會偷懶的。因此，如果把蟻群的工作規則簡單照搬到人類社會中，還是會出亂子。

如果每隻螞蟻都像人類這麼 "聰明"，整個蟻群就會崩潰

根據博弈論，人類這麼有智慧的生物，聰明起來自己都怕，在沒有中心管理者的約束之下，一定會鑽規則的漏洞，最終進入弱肉強食的混亂狀態。

　　分佈式系統必須找到一種在人人平等的情況下確保信息真實可信的方法，這就是傳說中的"共識問題"。下一節，讓我們從一個著名的難題說起。

1. 網絡結構可分為中心式網絡和分佈式網絡。

2. 區塊鏈採用分佈式網絡。

3. 分佈式網絡的難點在於如何達成共識。

拜占庭將軍問題

醉鏈，拜占庭將軍問題是講什麼的？

這是一個常見的網絡共識問題，就是用將軍之間的聯絡比喻網絡節點之間的通信問題。故事是這樣開始的……

很久很久以前，有兩位拜占庭帝國的將軍合力攻打一座堡壘。敵方人多勢眾，只有兩位將軍同時出兵才能擊潰對手。如果一位將軍單獨出兵，則會被消滅。

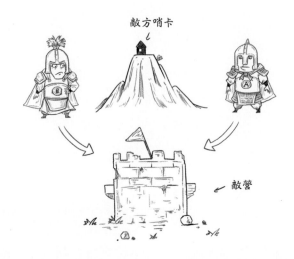

　　因此兩人必須協調行動。為了送信，傳令兵必須突破敵方哨卡，一旦被抓，必死無疑。

　　這天，將軍 A 讓傳令兵去送信……

拼命翻越
敵方哨卡

又翻回來

感覺在玩我？

好！我已經知道他知道了。但是，他還不知道我知道他知道了。萬一你在路上掛了呢？所以他還是不敢出兵！再跑一趟吧！

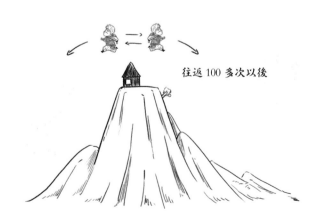

往返 100 多次以後

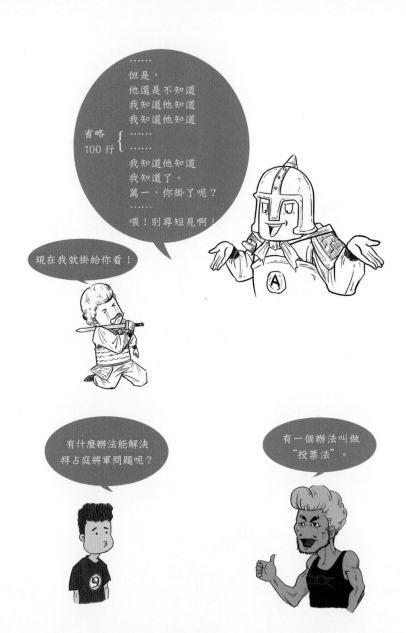

將軍 A 可以同時派出很多個傳令兵，將軍 B 根據傳令兵的說法"少數服從多數"，做出判斷。就算有些傳令兵被殺或叛變，只要不超過總數的一半，還是可以得出正確結論。

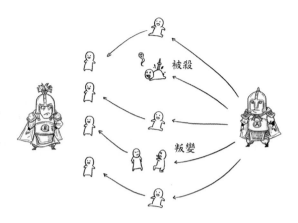

為了提高某些飛機的可靠性，會設置三條獨立的操縱線路，就算其中一條出現故障，投票的結果仍然是正確的。"投票法"也可以用在區塊鏈中。

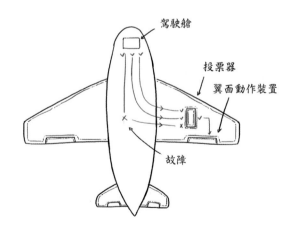

₿ 醇 鏈 劃 重 點

1. 分佈式系統的網絡通信不是完全可靠的。

2. 系統需要在某些節點或鏈接失效的情況下良好
   運行。

3. 這種對故障的耐受能力被稱作"拜占庭容錯"。

公開賬本與投票機制，最無聊的一桌麻將

　　區塊鏈本質就是一份公開的"流水賬"，記載著每個節點過往的交易歷史，公開程度堪比村委會或居委會的"財務公開欄"，公信力沒得說。

既然沒有中心服務器，那麼這個賬本存在哪裏呢？答案很簡單，它存在每一個節點裏。真可謂"一花一世界，一人一本賬"。

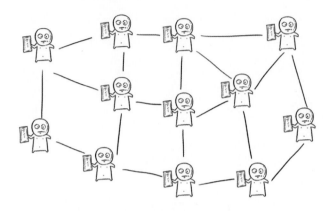

每人一本賬，內容都一樣

如果某個用戶想進行一筆交易，他必須把交易的細節公佈出來，這個公佈的過程就叫做"廣播"。

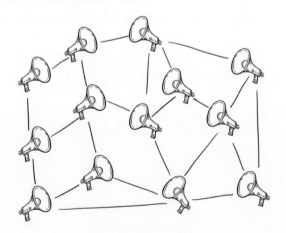

每個用戶都要"廣播"

收到廣播的每個節點都要對交易申請進行審核投票，然後根據投票結果修改公共賬本。就算之前投反對票的節點，也必須接受投票結果。這就解決了共識問題。

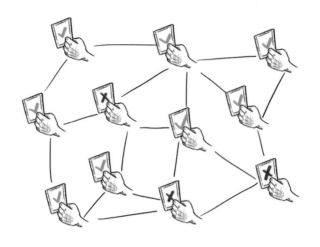

一人一票，民主裁決

區塊鏈是一連串的交易記錄。一個單位的數據結構就叫一個區塊。把這些區塊連接起來形成鏈條，用膠水可不行，要用哈希算法（後面再講）。

區塊鏈中，任何新的數據加入都要付諸公論

　　生成區塊鏈的過程就像在打一桌很無聊的麻將。說它無聊，是因為每個人手裏的牌必須一模一樣，連順序都完全相同。

區塊鏈就像一桌最無聊的麻將

當然，任何人玩這種牌，睡著了都不奇怪。在這個示例中，每個"牌友"相當於一個節點，而每一張麻將牌就是一個區塊。一排麻將牌組成的"長城"就是區塊鏈。

不過因為沒有膠水黏合，偷牌是很容易的事。為了避免系統被黑，必須用某種方法把這些麻將牌嵌合在一起，使其極難篡改。

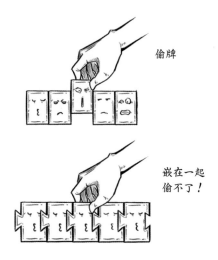

相鄰區塊被巧妙地嵌合在一起，很難篡改

這種緊密的嵌合已經實現了，那就是大名鼎鼎的哈希算法。我們將在下一節中介紹這種有趣的算法。

1.區塊鏈本質上是一個公開的賬本。

2.這個賬本的內容由全部節點投票決定。

3.賬本數據存儲在各個節點的硬盤中。

哈希算法

王酵鏈，請發言，哈希與嘻哈有什麼關聯？

小九，我被你搞得有點發慌，因為這個問題已經嚴重超綱，哈希與嘻哈聯繫起來太牽強，所以我要 diss（懟）你沒商量！

藥！藥！切克鬧，酵鏈"甩鍋"（推卸責任）有一套！

希哈！希哈！希希哈！

藥！藥！嘻哈是種文化，哈希是種算法，算法就是一種流程、一種運算、一種套路，如果沒有算法，再好的電腦也沒辦法！

算法就是為了
達成某一目標而進行的
一系列操作步驟。

酵鏈，你唱了半天，
可是我還是不明白算法
到底是什麼。

例如，你喜歡的甜甜圈，
如果想把原材料加工成甜甜
圈，中間也要運用一定的
"算法"。

　　從原料到成品，中間的加工過程就叫做算法。一個算法往往是
由不同的操作步驟按照一定順序或規則組織起來而形成的。

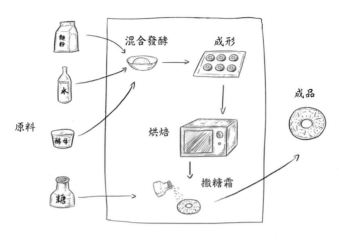

甜甜圈的"算法"

下面這個"加一算法"可以稱得上是世界上最簡單的算法。任何數字通過這個算法後都被加一。

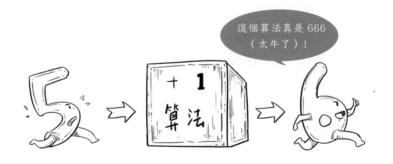

這個算法真是 666（太牛了）！

我們要講的哈希算法也是這樣，原始數據經過哈希算法加工以後得到的數據就叫做哈希值（Hash Value）。

　　哈希算法並不是一個算法，而是一大類算法的統稱。由於哈希算法的技術細節已經超綱，我們在這裏不討論它的原理，只介紹這種算法的性質和應用。

哈希算法種類很多，但是它們都具有如下四大性質：

哈希算法性質一：等長性

不管輸入的數據是長是短，算法得出的哈希值都具有相同的長度。哈希值往往很短，通常只有一兩百個字節，佔用的存儲空間也很小。

哈希算法性質二：單向性

由數據得出哈希值非常容易，但是從哈希值推導出原始數據是不可能的，即使在知道哈希算法細節的情況下也不可能。這一特性對於確保區塊鏈的安全性至關重要。

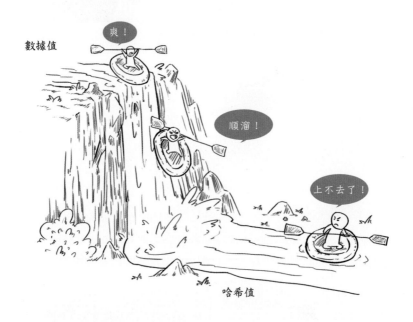

哈希算法性質三：無序性

就算原始數據僅僅改變一個字節，它的哈希值也會變得面目全非，完全沒規律。當然，現實中的哈希值不會是任何有含義的文字，往往是一串隨機字符。

秒變大猩猩

哈希算法性質四：一一對應性

同一個原始數據用同樣的哈希算法，永遠得到同樣的哈希值，一個哈希值只能有唯一的數據值與其相對應。

請新人們逐對牽手，一個數據新郎對一個哈希新娘。不許多對一，也不許一對多！

上述哈希算法的四個特性在後面會多次用到。大家不要忘記了哦！

可以在網上搜索"哈希計算器"或"Hash 計算器"，找到一些在線工具玩耍一下（具體玩法見下圖）。

在線 Hash 計算器

使用各種算法計算字符串的 Hash 值
Text

白日依山盡，黃河入海流。 ← 改變輸入數據，看哈希值怎麼變

算法

mc ∨ ← 不同的算法能生成不同長度的哈希值

加密

哈希值長這樣
↓

Result

0f0f78d2c9b44bed4f9ec1570e759f6e

酵鏈，我聽說哈希算
法還會出現一種叫做
"碰撞"的現象，這又
是什麼意思？

是有這種現象，
英文叫做 collision，一般譯作"碰撞"
或"衝突"。要理解這個概念，
要從鴿籠原理說起。

鴿籠？

給你舉一個中國人熟悉的例子吧！盧溝橋上有柱子（望柱），柱子上面有獅子。共有 281 根柱子，485 隻獅子。這意味著什麼？

意味著，204 隻獅子在河裏洗澡？

沒有洗澡！就是說所有獅子都要站到柱子上！

那就只好麻煩這些獅子擠一擠了，每根柱子上多站幾隻。

你終於抓到了重點！

鴿籠原理：如果有 10 隻鴿子住在 9 個籠子裏，那麼至少有一個籠子裏有兩隻鴿子。這和盧溝橋的望柱上的獅子是一個道理。

我們知道哈希值都很短，而數據值一般較長。因此，哈希值可以取值的個數也比數據值少得多。根據鴿籠原理，就會出現兩個甚至更多數據值共用一個哈希值的情況，這就是所謂的"碰撞"。

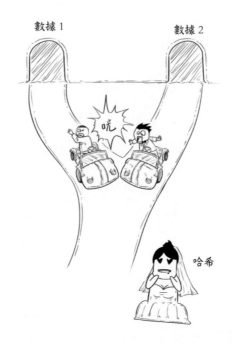

數據 1　　數據 2

哈希

既然有衝突的情況，豈不是違反了你剛才說的"一一對應性"原則？

衝突只是理論上存在，現實中碰到的可能性接近於零。因此，"一一對應性"的特性還是可以視為成立的。

下面我們就看看，哈希算法是如何應用到區塊鏈中的。

區塊的生成是有時間順序的。在每一個新區塊的數據結構中，有一個固定的位置用來存放上一個區塊的哈希值。而這個新區塊也要整體求一個哈希值，存入下一個區塊。

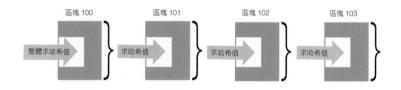

隨著新區塊的生成，舊區塊就會被越"埋"越深，安全性也就越來越高。如果你篡改一個區塊，它的哈希值也會變化。

這就意味著它的下一個區塊也需要修改，否則就對不上號。

以此類推，後面所有新生成的區塊都要修改。這就像文物大盜想把一座寶塔的底座換掉，那麼他們不得不把上面每一層都拆掉重修。

老大，你的計劃是把最底下一層換掉，同時保證整座塔不倒？那我們需要把上面每一層都拆掉重建才行啊！

唉，算了。工程量太大。撤！

好神奇！

把每一個區塊的哈希值放到下一個區塊中，形成一個鏈條，這就是"區塊鏈"這個名稱的由來，是不是有點像成語接龍？

₿ 酵鏈劃重點

1. 哈希不是一種算法，而是一大類算法的統稱。

2. 所有哈希算法都具有 "等長性"、"單向性"、"無序性"、"一一對應性" 這四大特性。

3. 雖然理論上有衝突的可能，但不影響實際應用。

4. 區塊鏈就是靠將前一個區塊的哈希值放入下一個區塊中來形成鏈條的。

如何證明我是我

醇鏈，上一節你講的哈希鏈條結構雖然精妙，但是如果有人假冒我的話，該怎麼辦？

這就涉及身份認證問題，讓我們從非對稱加密講起吧！

　　要講加密，就不能不提密鑰。密鑰並不是實體的鑰匙，而是一串看起來毫無規律的字符。

c8e359c9c0d54b4d31ad7a6d38b190ddbd8c491b7cd597274b64e
57abb25330a88be03b44b3633b9bcca3e654e0e2f426c631386ad58bd
3622f33aab37d2a62917954c479fc211bb1fd0e3b71afa7642748014b5f
f9b7069d96591236e4e8dac4dd60738f0a6c3e40d5ced5b2cb433a42e3
5450248cf2b622bc29747211f944a

由明文生成密文的過程叫加密，由密文生成明文的過程叫解密。

　　根據所用密鑰的不同，加密方式可分為"對稱加密"和"非對稱加密"兩種。對稱加密的特點是"解鈴還須繫鈴人"，也就是說，加密和解密要用同樣的密鑰。

　　而非對稱加密需要一對密鑰（A 和 B），用 A 加密的密文只能用 B 來解密，用 B 加密的只能用 A 來解密。

非對稱加密的特點：彼此不知道，互相做解藥。

彼此不知道

如果你知道其中的一個密鑰，不可能通過它推導出另外一個密鑰。

互相做解藥

一個密鑰加密的文件，自己無法解密，只有用另外一個密鑰才能解密。也就是說，兩把鑰匙互相幫對方開鎖。

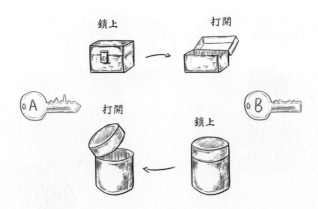

非對稱加密中的兩個密鑰，一個被用作"公鑰"，一個被用作"私鑰"。它們本來是一對孿生兄弟，雖然內容不同，卻是在同一個密鑰生成器中同時產生的。這時，這兩個密鑰都是保密的。

密鑰的擁有者（愛麗絲）會選擇其中的一個作為公共密鑰（公鑰）。

這個公鑰會被公佈出去，任何人都能輕易查到。

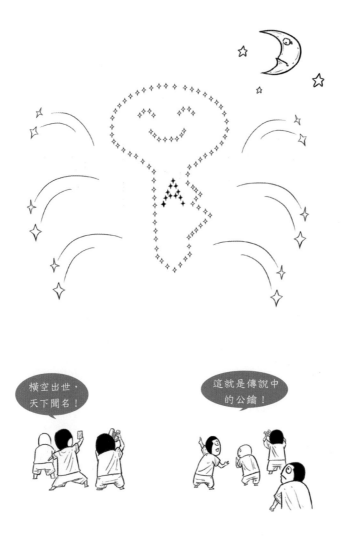

而私鑰則必須嚴格保密，不能讓除了愛麗絲之外的任何人知道。

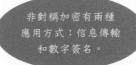

非對稱加密有兩種
應用方式：信息傳輸
和數字簽名。

用於信息傳輸的時候，用公鑰加密，用私鑰解密（如下頁圖）。
由於只有愛麗絲一個人知道私鑰，因此信息用公鑰加密後，除了
她，任何人都不能解密。

用於數字簽名的時候是反過來的，用私鑰加密，用公鑰解密。只不過加密的不是信息原文，而是信息的哈希值。加密的結果就叫做數字簽名。

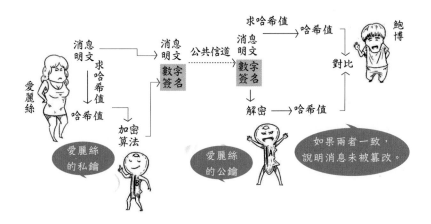

數字簽名有兩個作用：

防篡改。如果原文被篡改，根據哈希算法的一一對應性，它的哈希值也會變化，與數字簽名中的哈希值不一致，就會被發現。

防冒充。如果有人想冒充愛麗絲，發送假的數字簽名。因為冒充者沒有愛麗絲的私鑰，他的假數字簽名是不能被愛麗絲的公鑰解密的。這樣，冒充也會被發現的。

₿ 醒 鏈 劃 重 點

1. 非對稱加密中用到一對密鑰，二者"彼此不知道，互相做解藥"。

2. 兩個密鑰當中，被公開的一個叫公鑰，保密的一個叫私鑰。

3. 公鑰、私鑰配合使用，可以用於信息的保密傳輸和數字簽名。

4. 區塊鏈用非對稱加密技術保證傳送的信息不被竊取、篡改，或不被冒充。

比特幣的區塊結構

如下圖，一個比特幣的區塊可分為頭部和交易記錄兩部分。而頭部又包含前一個區塊的哈希值和本區塊的 Nonce（一次性隨機數）值。

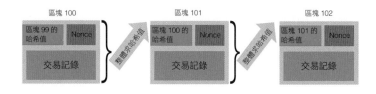

酵鏈，這個 Nonce
又是做什麼用的？

Nonce 就是一個沒有
任何實際含義的數字，不過它在
工作量證明和挖礦中非常重要，
我們後面會專門講。

那麼交易記錄裏面
都有什麼內容呢？

有了非對稱加密的知識
以後，交易記錄就很好理解了。
請看下頁的圖。

　　如下頁圖所示，每條交易記錄由三部分組成：1. 收款者的公
鑰；2. 收款者的公鑰與前一條交易記錄合併後的哈希值；3. 付款者
用自己的私鑰對這個哈希值的數字簽名。

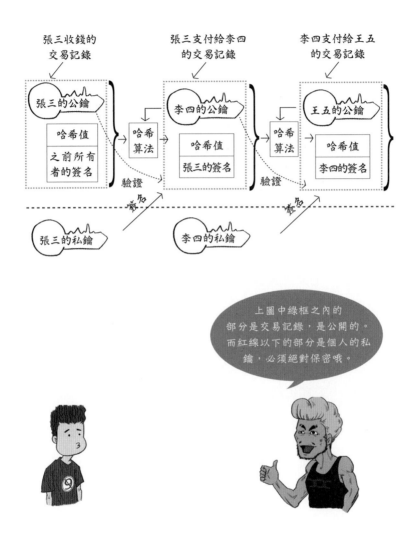

張三收錢的
交易記錄

張三支付給李四
的交易記錄

李四支付給王五
的交易記錄

張三的公鑰

哈希值

之前所有
者的簽名

哈希
算法

李四的公鑰

哈希值

張三的簽名

哈希
算法

王五的公鑰

哈希值

李四的簽名

驗證

驗證

張三的私鑰

李四的私鑰

上圖中綠框之內的
部分是交易記錄，是公開的。
而紅線以下的部分是個人的私
鑰，必須絕對保密哦。

　　現實中，同一枚數字貨幣的交易記錄不一定出現在相鄰的區塊
當中，它們中間可能間隔很多個區塊。

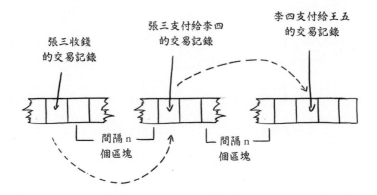

張三收錢
的交易記錄

張三支付給李四
的交易記錄

李四支付給王五
的交易記錄

間隔 n
個區塊

間隔 n
個區塊

而且同一個區塊裏也不止存儲一條交易記錄，而是很多條。

B 酵鏈劃重點

1. 每個區塊包含頭部和交易記錄兩部分。

2. 頭部又包含前一個區塊的哈希值和本區塊的 Nonce 值。

3. 每個區塊包含很多條交易記錄。

4. 每條交易記錄由三部分組成：收款者的公鑰、上一條交易記錄與收款者的公鑰合併後的哈希值，還有付款者對這個哈希值的數字簽名。

工作量證明與挖礦

小九，你怎麼玩起 cosplay（角色扮演）了？

你不是說要挖礦了嗎？安全措施不能少啊。

嘿嘿，穿這身小心一會兒熱得受不了哦！

工作量證明

　　區塊鏈是分佈式系統，新區塊的產生由所有參與者集體決定。如果有人利用虛擬 IP 註冊大量僵屍賬號 "左右輿論" 的話，該怎麼辦呢？

這時候，可以規定任何一個賬號必須完成一定的運算任務才能參與決策。大量的僵屍賬號由於沒有實際的設備支持，是完不成任務的。真實賬號則不受太大影響。

那麼，區塊鏈中的工作量證明又是如何實現的呢？

我們先分析工作量證明需要具備的三個特性，然後看如何去實現它們。

一個好的工作量證明方案需要具備如下三個特性。

1. 完成困難

任務需要消耗一定的計算能力，否則起不到工作量證明的作用。

2. 驗證容易

要很容易驗證工作是否完成。

3. 難度可調

根據全網的計算能力調節難度，使之一直處在合理範圍內。

回到區塊鏈，
我們先簡單看看一個
新區塊的生成過程。

　　一個新區塊的生成過程可以分為四步。這是一個首尾相接的循環過程，前一個區塊的最後一步就是下一個區塊的第一步。下面我們來一步一步解釋。

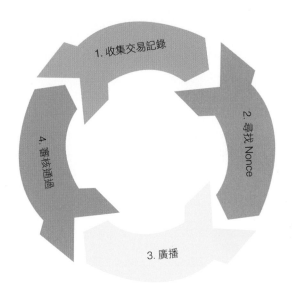

1. 收集交易記錄

2. 尋找 Nonce

3. 廣播

4. 審核通過

網絡中的各個節點收集新廣播出來的交易記錄，以及上一個區塊的哈希值，組成一個候選的區塊。這一過程是由每個節點單獨進行的。

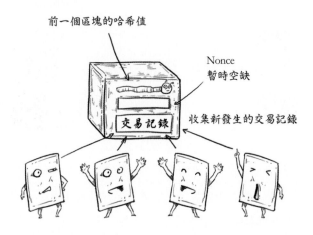

前一個區塊的哈希值

Nonce
暫時空缺

收集新發生的交易記錄

交易記錄

　　這時候，新區塊的 Nonce 還是空缺的。下一步，每個節點開始為自己構建的區塊尋找 Nonce，誰最先找到誰就是贏家。

Nonce 是工作量證明的核心，因為它沒有任何實際含義。

一個沒有含義的數字有什麼用呢？

妙就妙在這裏，正因為 Nonce 沒有任何含義，所以我們可以隨意修改它。它的用處就是"湊數"。

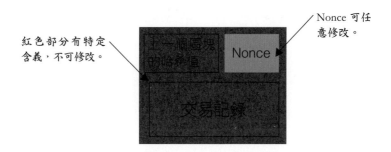

區塊鏈工作量證明的任務是：不斷改變 Nonce 值，直到碰巧遇到一個 Nonce，讓整個區塊的哈希值具有特定格式，如由若干個 0 開頭。

根據哈希算法的無序性，Nonce 值的變化會導致哈希值無規律變化，結果不可預測。

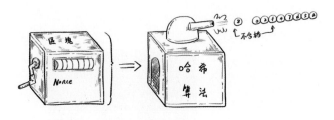

根據哈希算法的單向性，不可能通過目標哈希值推導出 Nonce，唯一的辦法就是不斷嘗試更多的值，暴力破解。

因此，這個任務也符合"完成困難"的特性。

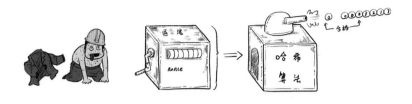

　　一旦找到合格的 Nonce，這個 Nonce 的發現者就會把這個候選區塊廣播到全網，交由其他節點審核。

　　其他節點在收到候選區塊後會做兩件事：1. 檢查交易記錄是否合法；2. 對候選區塊求哈希值，看它是不是由足夠的 0 開頭。根據哈希算法的單向性，求哈希值是個相對容易的運算，因此符合 "驗證容易" 的要求。

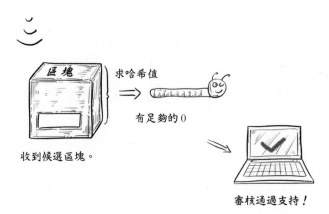

收到候選區塊。

審核通過支持！

如果一切都合格，這個節點就會對候選區塊表示支持。支持的方式就是將該區塊的哈希值放入下一代候選區塊中。

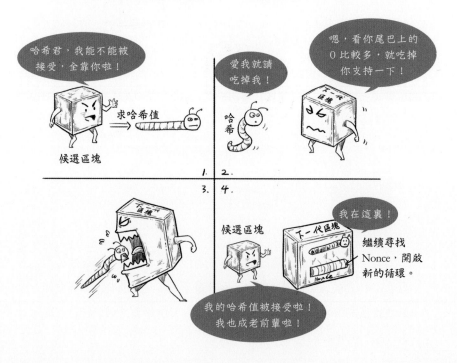

如果網絡中大多數節點都這樣做，那麼這個區塊的哈希值極有可能出現在下一個"找 Nonce"成功的區塊中，它也就成功上位，升級為"老前輩"。這樣就又回到了第一步，開始下一個循環。

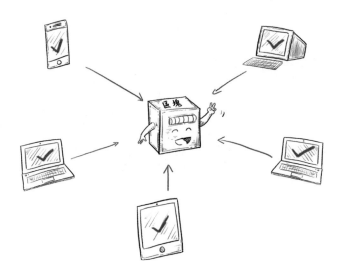

如果有人故意製造一個錯誤的區塊，由於得不到大多數人的支持，這個區塊是發展不下去的。

每個新區塊生成的時候，會額外產生一定量的加密貨幣，獎勵給找到新 Nonce 的用戶。通過找 Nonce 賺錢的操作就被稱作"挖礦"。

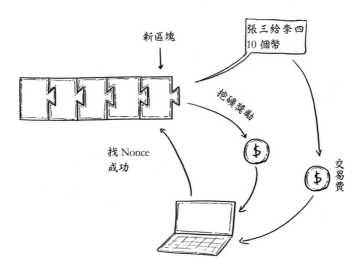

　　比特幣大約每 10 分鐘產生一個新區塊，如果全網算力增加，新區塊產生得過快，系統就會通過增加 0 的個數來提高難度，使速度保持大體平穩。

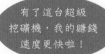

下面字符串是 2009 年 1 月比特幣剛剛誕生時的第二個區塊中的哈希值：

00000000839a8e6886ab5951d76f411475428afc90947ee3201
61bbf18eb6048

我們可以看到它前面有 8 個 0。

再看看 9 年多以後的 2018 年下半年的哈希值長什麼樣：

0000000000000000000018bd97715c7c4696341267bec421f86a
bb76492d22a5b3

有 18 個 0。可不要小瞧這多出來的 10 個 0。由於是 16 進制數，每多一個 0，挖礦難度就翻 16 倍。10 個 0，難度增加的倍數為：

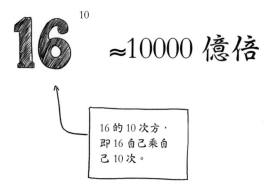

$$16^{10} \approx 10000 \text{ 億倍}$$

16 的 10 次方，即 16 自己乘自己 10 次。

這意味著，在 2009 年你用一台電腦能挖到的比特幣，在 2018 年需要 140 個地球的人口，每人拿著一台電腦來挖。這也導致了目前比特幣挖礦的耗電量巨大。

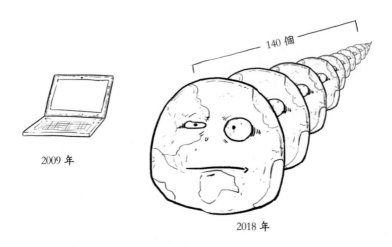

2009 年

140 個

2018 年

諷刺的是，耗電量增加不僅沒有讓區塊鏈更安全，反而降低了其安全性。

咦？這是為什麼呢？

因為哈希值中 0 的位數越多，可用的隨機位就越少，也就越容易出現碰撞。挖礦難度提高了 10000 億倍，意味著發生碰撞的風險也提高了 10000 億倍。

比特幣誕生之初，每 "挖" 出一個區塊能得到 50 個比特幣，之後每隔 210000 個區塊（約 4 年）獎勵減半。2018 年的價碼是每個區塊 12.5 個，預計到 2020 年前後會減到 6.25 個。

到 2140 年，比特幣協議規定的 2100 萬個比特幣將會全部挖完，屆時不會再有新比特幣產生。

₿ 鏈 劃 重 點

1. 工作量證明的目的是防止僵屍賬號搗亂。
2. 區塊鏈的工作量證明任務是尋找一個 Nonce，使該區塊的哈希值由若干個 0 開頭。
3. 調整要求的 0 的個數就可以調整難度。
4. 找到新 Nonce 的節點會得到一定量的加密貨幣獎勵，這個過程就叫做挖礦。

下面就讓我們用一張完整的區塊鏈交易流程圖（以比特幣為例）來結束技術篇的內容吧！

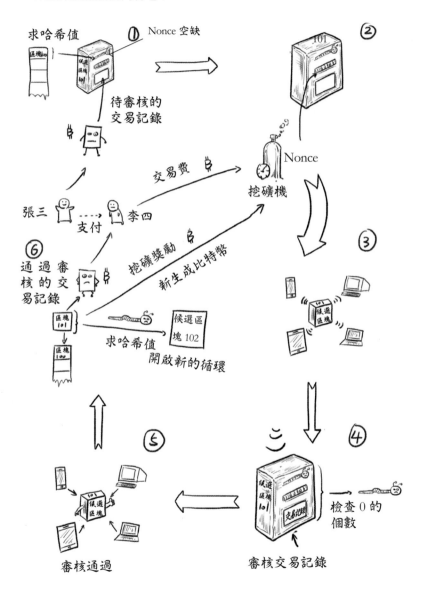

應用篇

小九，你為什麼頭上頂個冰袋？

剛才你講的技術篇太燒腦，我得降降溫。

那你現在最好多喝點水，因為後面乾貨更多！

區塊鏈的三個屬性

在介紹區塊鏈的應用之前，讓我們先回顧一下區塊鏈的三個特性。

1. 公開性

區塊鏈上記載的內容對所有參與者都是公開透明的。

2. 不可篡改性

一旦寫入區塊鏈，內容很難被修改。

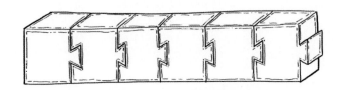

3. 分佈性

區塊鏈系統沒有中心，每個節點都是平等的。

區塊鏈的所有應用
都是以這三個特性
為基礎的哦。

1. 區塊鏈有三個共同屬性：公開性、不
   可篡改性、分佈性。
2. 區塊鏈的所有應用場景都是基於這三
   個屬性。

智能合約

　　所謂智能合約（Smart Contract），不一定是一個合同，它其實是一個被寫到區塊鏈裏的小程序。

　　這個小程序可以在全體區塊鏈用戶的監督下自動執行。藉助區塊鏈的不可篡改性和分佈性，智能合約可以實現在沒有第三方監督的情況下誠實可靠地運行。

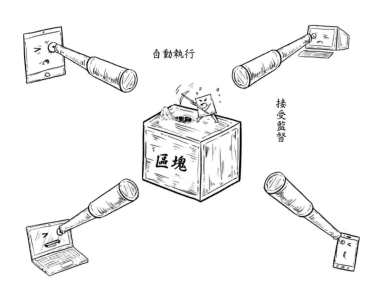

自動執行

接受監督

區塊

酵鏈，你能給我舉一個智能合約的例子嗎？

其實，比特幣的交易記錄就可以看作最簡單的智能合約，只不過它只有一個支付功能。

對支付功能略加修改，例如加上最高限額和多人付款的功能，就可以建立一個眾籌智能合約。

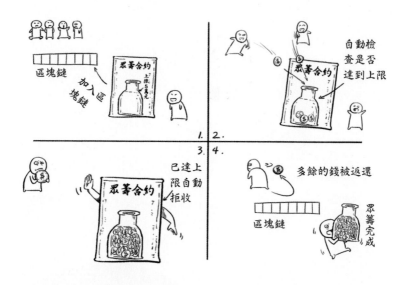

除了加密貨幣的支付和眾籌，智能合約能做的事情還很多。區塊鏈所有的應用都是通過智能合約來實現的。

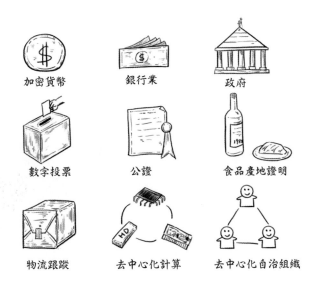

加密貨幣	銀行業	政府
數字投票	公證	食品產地證明
物流跟蹤	去中心化計算	去中心化自治組織

目前，最有影響力的智能合約平台是以太坊（Ethereum）。通過自帶的 Solidity 語言，以太坊可以實現強大的智能合約功能。

Ethereum

以太坊

酵 鏈 劃 重 點

1. 智能合約是寫在區塊裏的一個可以自動執行的小程序。
2. 利用專門的編程語言，智能合約可以實現很多複雜的功能。
3. 比特幣的交易記錄也可以認為是一種簡化版的智能合約。
4. 目前，最有影響力的智能合約平台是以太坊。

加密貨幣

加密貨幣是指用加密技術實現的數字化的虛擬貨幣。我們前面討論的比特幣就是典型的加密貨幣。

加密貨幣（Cryptocurrency）有如下優點。

1. 總量可控，不會通貨膨脹

政府發行的法定貨幣被稱作"法幣"（fiat money）。法幣也有不靠譜的時候。

例如，在委內瑞拉，由於嚴重的通貨膨脹，法幣極度貶值，很多人購入比特幣等加密貨幣用於保值。

2. 世界通行，不受國界限制

區塊鏈是不分國界的。你在一個國家買入的加密貨幣可以在另一個國家賣出。

3. 化名交易，保護隱私

加密貨幣不用實名交易，還有一種 "換馬甲" 的功能，每次交易使用不同的化名，讓人難以摸清你的歷史。

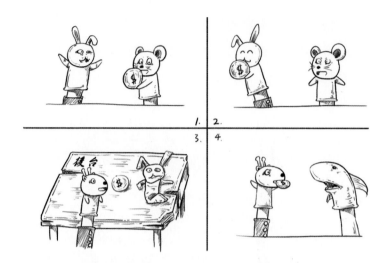

當然，加密貨幣也有自身的缺點。

1. 應用場景有限

很少有商家支持加密貨幣支付，甚至 2018 年在美國佛羅里達州召開的北美比特幣大會都一度拒絕使用比特幣購票。

2. 高耗能，污染環境

比特幣系統每年由於挖礦而耗費的電能高達 730 億度（估值），
約等於奧地利全國一年的耗電量。

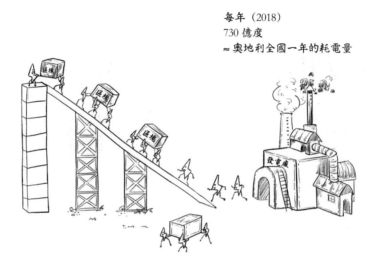

平均下來每一筆比特幣交易要消耗 900 多度電，足夠一個家庭
使用超過一個月。而每 10 分鐘產生的一個區塊裏包含上千筆交易！

3. 易受資本控制，價格波動大

由於沒有政府、銀行等權威機構調控，再加上莊家的炒作，很多加密貨幣的價格波動都比坐過山車還刺激。

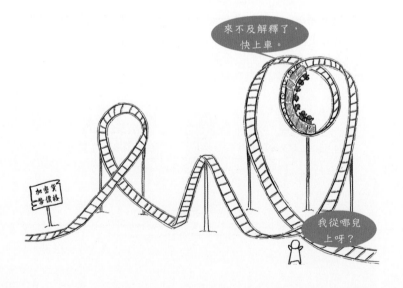

 **酵鏈劃重點**

1. 加密貨幣有很多優點，包括總量可控、
   世界通行、保護隱私等。
2. 它當然也有不少缺點，如應用場景有
   限、高耗能、價格波動大等。

銀行業

酵鏈，我不明白，
區塊鏈是一個開放系統，如果
銀行使用這個技術，用戶的
信息不就被泄露了嗎？

這就要講一講公鏈
與私鏈的區別啦。

公鏈與私鏈

公鏈是指任何人都可以自由加入的區塊鏈。它就像一個廣場，誰都可以進來玩，如比特幣就是公鏈。

私鏈就像一個演出場館，只有被邀請或通過審核的人才能入場。銀行業使用的區塊鏈，只對包括本公司的各部門以及一些合作夥伴開放，"社會人"是不能參與的。

簡化銀行業務流程

銀行使用區塊鏈的
好處是什麼呢？

主要在於簡化操作
流程，降低成本。

　　傳統銀行業，一筆刷卡交易的確認需要很多個環節，隨便哪個
環節出錯，交易就"泡湯"了。

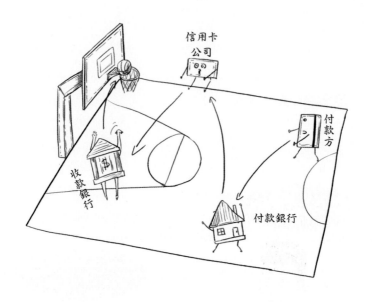

應用區塊鏈技術，流程可以大大簡化，既快捷又省錢。

某些加密貨幣
耗電量大是由於挖礦者惡意
競爭造成的。在私鏈系統中，這種
惡性競爭是可以避免的。

酵鏈，你不是說
區塊鏈耗電量很大，
很不划算嗎？

 酵鏈劃重點

1. 只有被邀請或通過審核的用戶才可以參加的區塊鏈叫
做私鏈。

2. 銀行、政務、供應鏈等行業都可以通過私鏈來提高系
統的安全性。

3. 區塊鏈可以讓銀行業務流程更加簡化、快捷、經濟。

政務系統

　　區塊鏈可用於房屋產權證明、醫療病例共享、社保資料聯網、稅務、違法記錄保存等很多公共服務領域。

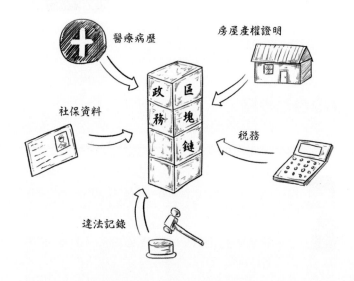

　　早在 2008 年，愛沙尼亞就開始嘗試運行世界上第一個政務區塊鏈系統，要比比特幣還早。

愛沙尼亞
政務區塊鏈

小朋友還很年輕嘛！

前輩好！

比特幣

Since 2008

除了上述這些用途外，區塊鏈還可以用作電子投票系統。投票系統需要滿足四個要求：匿名、不重複、公開計票、可審核。下面是一種可以滿足這些要求的設計。

投票系統也是私鏈。進入私鏈前，每個選民要用真實身份證通過審核，並獲取虛擬 ID 和一枚用來 "購買" 選票的 "投票幣"。這個過程是實名制的。

"投票幣" 不能交易或轉讓，只能用來 "購買" 一張匿名選票，這就保證了一人一票。

　　沒有兩張選票是相同的，因為每張匿名選票上都有一個隨機生成的 Nonce 值，選民可以用它來審核自己的票是否被計算在內。

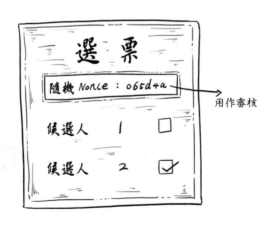

選民勾選完選票以後，將票廣播到區塊鏈系統通過審核，這樣就完成了匿名投票的過程。

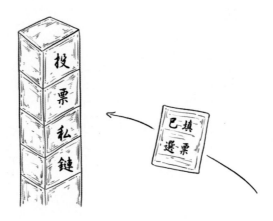

由於選票不含有個人信息，可以在保護隱私的情況下公開計票，杜絕舞弊。但是，選民可以根據選票上的 Nonce 值確認自己的選票已經被計算在內。

1. 區塊鏈可以讓社保、醫療、稅務、房產證明等公共服務更加便捷。
2. 區塊鏈還可以用於電子投票。
3. 一些國家（如愛沙尼亞）已經建立了成熟的區塊鏈政務系統。

公證

　　區塊鏈還可以用於證明合同等文件的真實性。其過程很簡單，只要把雙方同意的文件廣播到區塊鏈，就可以避免被篡改或者不認賬。

原產地證明

食品的原產地證明一直是一個煩瑣而不可靠的過程，從產地到消費者，要經過批發、運輸、海關、分銷、零售等多個環節，一旦某個環節出錯，產品就不可追溯了。

利用區塊鏈的公開性和不可篡改性，可以為一種農產品建立一份完整的履歷，一直追溯到該農產品產自哪個農場。

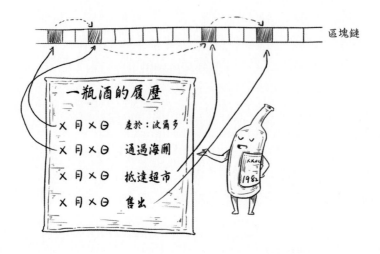

供應鏈管理

除了原產地證明，區塊鏈還可以用於更複雜的供應鏈管理。例如，一輛汽車的每一個零件產自哪個供應商，都可以通過區塊鏈來追溯。

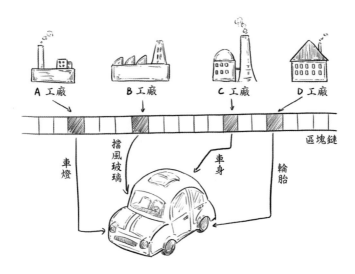

₿ 酵鏈劃重點

1. 通過把合同內容 "上鏈"，區塊鏈可以起到公證的作用。

2. 區塊鏈的不可篡改性還可用於食品、農產品原產地追溯以及供應鏈管理。

分佈式計算

　　區塊鏈還可以讓處於不同城市甚至國家的設備協同完成一個計算任務，這就是分佈式計算（Distributed Computing）。首先，有需求的用戶把計算任務廣播到網絡中。

　　然後，這個任務被分配到不同的節點設備。打個比方，如果你想抄寫一本很厚的書，你可以把書拆分成很多份，讓人分頭抄寫。

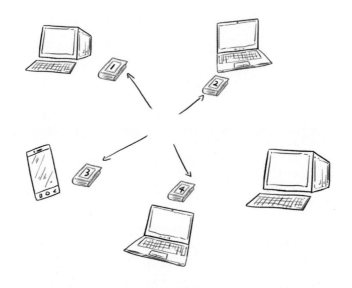

分到任務的設備獨自完成手頭的任務。

然後，再把任務上傳到網絡，整合成完整的成品。

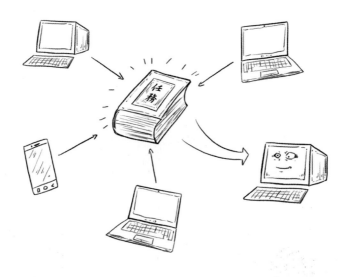

最後，任務的委託方給參與者支付加密貨幣作為報酬，完成一次雙贏的合作。

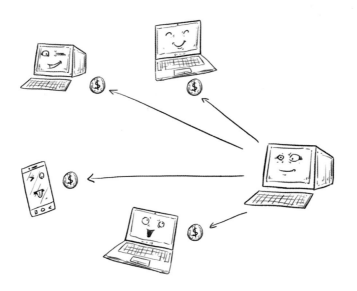

當電腦不太佔用 CPU 的時候，如瀏覽網頁時，你可以讓它同時參加分佈式計算任務，為你賺錢。這個過程與挖礦類似，只不過工作的內容不是尋找毫無意義的 0，而是有真實價值的計算任務。

去中心化自治組織

如果把上例中的計算任務換成人類的工作,就能形成分佈式的分工協作。項目的發起者可以把自己的計劃書發到網上。

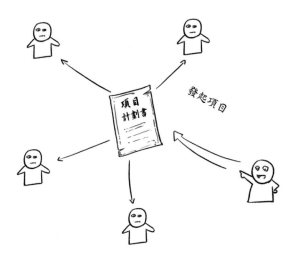

網上處於不同國家的各種有專長的人都可以參與到項目中,並賺取勞務費。

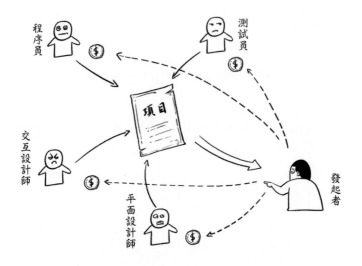

一些樂觀的人甚至相信區塊鏈可以改變社會結構。傳統的公司和組織都是採用金字塔形的層級結構。

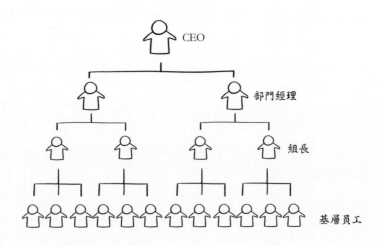

這種結構雖然有利於統一步調，但也容易形成沉重的官僚主義，導致效率低下，對員工表現的評價也不公平，形成所謂的"大公司病"。

基於區塊鏈的自治組織可以形成扁平化的結構，每個人都是平等協作的關係，像比特幣的參與方——程序員、挖礦者和交易者之間沒有隸屬和服從關係。這就是所謂的去中心化自治組織（Decentralized Autonomous Organization, DAO）。

那麼，未來有沒有可能利用區塊鏈建立一種沒有上下級的組織形態，實現真正的"自由人的聯合"呢？這個還要拭目以待。

目前，一個比較有名的去中心化自治組織是 The Dao，它掛靠在以太坊，並通過以太坊的智能合約實現。

The Dao

₿ 酵鏈劃重點

1. 區塊鏈可以充當"中介"，協調不同位置的設備合作完成計算任務。

2. 它還有望把獨立的個人聯合起來，進行沒有中心管理者的社會分工。

區塊鏈應用的局限性

前面說了區塊鏈的各種優勢，但是，區塊鏈還是有不少缺點有待改進的。

擴展性難題

節點數目比較少的時候，區塊鏈很便捷。但是在處理超大規模用戶群的交易時，區塊鏈的"每秒交易量"（Transactions Per Second, TPS）要低於傳統網絡，也就是擴展性較差。

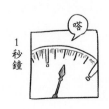

傳統銀行轉賬

區塊鏈交易

礦池壟斷風險

由於挖礦難度越來越大,很多挖礦者組成"礦池",協作挖礦、分享收穫。但是,這也帶來壟斷性的風險。

目前每天超過一半的比特幣都被四個最大的礦池挖走。如果這四個礦池聯合，就能獲得超過 51% 的算力，進而操縱比特幣的交易。

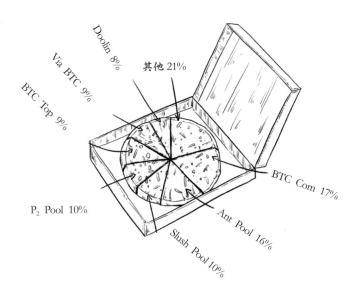

2018 年數據

不同區塊鏈彼此隔離

雖然區塊鏈是一個開放的系統，但是現在世界上有非常多的區塊鏈，它們彼此隔離，不能互相連通交流。

區塊鏈 A　　　　　　　區塊鏈 B

"鏈下"安全難以保障

區塊鏈只能保證"鏈上"的信息不被篡改，但是對於"上鏈"之前和"下鏈"以後的數據，難以保證其安全性。

例如，即使"上鏈"的紅酒，商家也可以在銷售環節使用"調包計"，這就讓區塊鏈的可信度打了折扣。

隱私問題

區塊鏈作為一個開放系統，採用"遮臉不遮錢"的方式來保護隱私。不過，黑客還是可以通過分析交易者的行為模式推測他們的身份。

₿ 酵鏈劃重點

目前阻礙區塊鏈廣泛應用的原因有如下幾點：

1. 擴展性差（大規模運行速度慢）。

2. 潛在的礦池壟斷風險。

3. 區塊鏈系統間的隔離。

4. "鏈下"安全問題。

5. 隱私泄露風險。

可能的改進方案

酵鏈，區塊鏈有這麼多缺點，這可咋好？

不必擔心，為了彌補這些缺點，開發者已經想出了一些改進方案。

權益證明（Proof of Stake, POS）

首先，讓我們理解"權益"的概念。在 POS 系統中，希望認證區塊鏈的節點需要在系統中凍結一筆"保證金"，而權益值等於保證金的金額乘以凍結的時間。

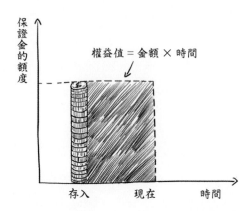

假設網絡中有 A、B、C 三個擁有權益的節點。他們通過抽籤的方式決定下一個區塊由誰來生成。權益越多的節點在抽籤中被抽中的機會也越大。

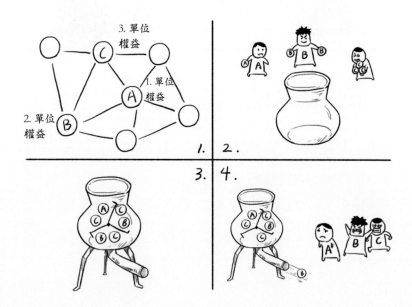

被抽中的節點生成一個區塊，提交全網審核。如果審核通過，保證金返還，同時還能獲得一定量的交易費用。如果審核失敗，保證金被罰扣，因此，沒有節點敢作假。

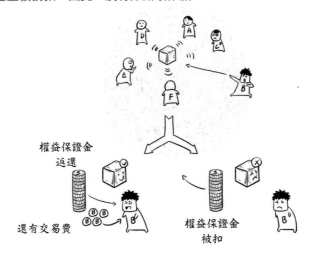

保證金返還後，這個節點的權益值也會被歸零，這樣就保證不會有一個特別強的節點永遠把持區塊的生成。

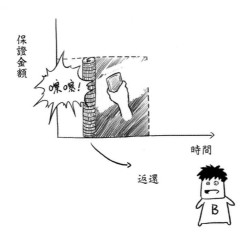

使用權益證明的加密貨幣有混得比較不錯的，如 EOS。

EOS

零知識證明（Zero-knowledge Proof, ZKP）

這是一種保護區塊鏈用戶隱私的技術。用戶可以在不披露交易雙方身份和智能合約細節的情況下向系統證明自己的合約是合規的。

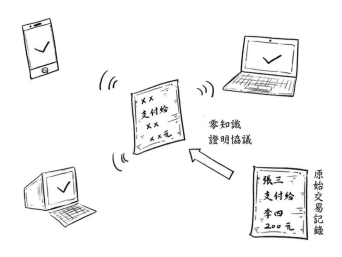

這項技術已經投入使用，如加密貨幣 Zcash 就利用零知識證明來防止用戶隱私被"偷窺"。

Zcash

跨鏈技術

為了實現不同區塊鏈系統間的連通，可以使用側鏈技術。所謂側鏈，就是一個輔助性區塊鏈通過一個"雙向存款箱"與主鏈相連。

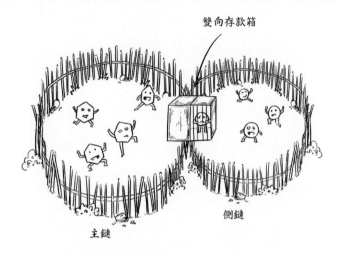

這個"雙向存款箱"的特點就是，只有將一側的一枚幣鎖死，禁止交易，另一側對應的一枚幣才能被放出來。

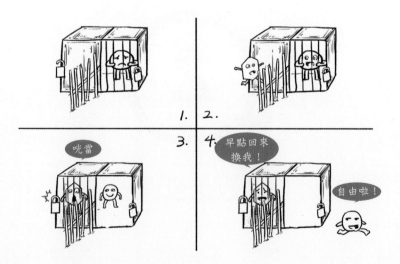

這樣，一側減少一枚可交易貨幣的同時，另一側增加了一個，就等於一枚幣從主鏈移動到了側鏈。

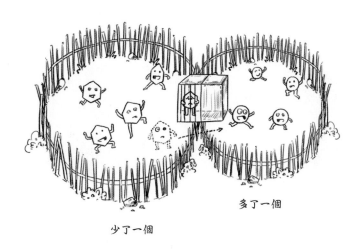

多了一個

少了一個

還可以讓一個輔助性區塊鏈同時成為兩個系統的側鏈，這種側鏈被稱作"中繼鏈"，可以實現不同區塊鏈之間的互通交易。

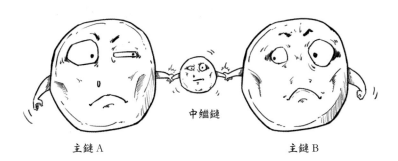

中繼鏈

主鏈 A

主鏈 B

有向無環圖（DAG）

DAG 的全稱為 Directed Acyclic Graph。它不是區塊鏈，而是區塊鏈的替代品。

在區塊鏈中，交易記錄被 "封裝" 在一個個區塊中，然而 DAG 系統中沒有區塊，各個獨立的交易記錄彼此連接成網狀。

DAG

DAG 的網狀連接是有方向的，從圖中任何一點出發，沿著箭頭走，最終都會走到 "創世交易記錄"，而不可能回到原地，所以被稱作 "有向無環"。

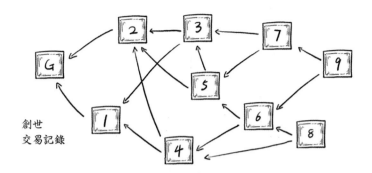

在 DAG 系統中，一個新的交易記錄如果想加入，它必須審核兩個（具體數字可調）已經存在的交易記錄，以及這些交易記錄審核過的交易記錄，如此上溯若干代（具體代數可調）。

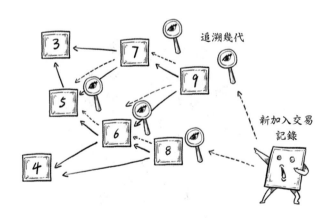

這樣一來，如果你認證了虛假交易記錄，那麼後來的交易記錄就會查到你的問題，也不會認證你。因此，誰都不敢作假。

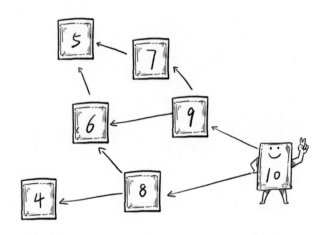

有一種加密貨幣叫做 IOTA，用的就是 DAG 技術。

IOTA

DAG 系統的擴展性好，規模越大越穩定，還不需要挖礦，環保節能速度快，但是網絡規模小的時候穩定性較差。區塊鏈與 DAG 的競爭未來誰將獲勝，還未可知。

為了彌補區塊鏈的缺點，人們做了如下嘗試：

1. 用權益證明解決耗電量大和礦池壟斷的問題。

2. 用零知識證明解決隱私問題。

3. 用跨鏈技術連通不同區塊鏈。

4. 用有向無環圖解決擴展性問題。

酵鏈，聽完你的講解，發現區塊鏈的應用前景確實廣闊，可謂商機無限啊！

下一篇，我們就講講區塊鏈的投資理財經。

走，消費去！

咱們有錢啦！

投資篇

投資與投機的區別

讓我們先看看投資與投機的區別。投資是指看好一個項目實際價值的增長，並長期持有；而投機是利用商品的短期價格波動套利。

　　投資的收益一般比較可控，但是周期長，獲利較慢。

至於投機嘛，其實與賭博無異，除非你是幕後莊家。

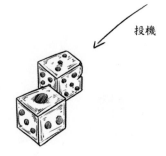

投機

首次代幣發行

首次代幣發行（Initial Coin Offering）簡稱 ICO。ICO 有正經的，也有欺騙性的。正經的 ICO 把加密貨幣銷售的收入用於開發應用和服務，用戶可以用加密貨幣來購買服務。

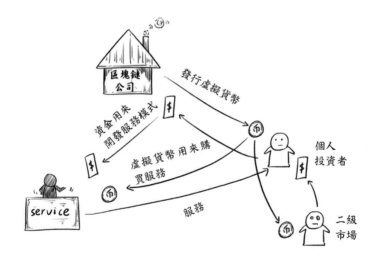

不正經的 ICO 會把錢分掉或花掉，然後炒作資產泡沫，"擊鼓傳花"。鼓聲早晚會停，燙手的山芋最終有人會接。

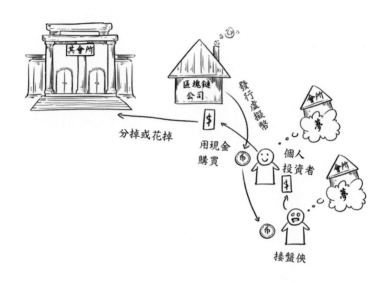

據統計，超過 80% 的 ICO 都是騙人的。因此，在很多國家，包括中國，ICO 都被認定為非法集資。

₿ 酵鏈劃重點

1. 投資者關注價值，投機者關注價格波動。

2. 誠實的 ICO 會把募集的資金用於開發產品或服務。

3. 超過 80% 的 ICO 都是騙局，它們會花掉籌到的錢，
   然後 "擊鼓傳花"。

4. 很多國家將 ICO 認定為非法，包括中國。

白皮書

酵鏈，我應該
怎麼判斷一個項目
是不是騙局呢？

一個重要的
辦法就是閱讀項目
的白皮書。

　　"白皮書"（white paper）是介紹和説明項目的官方報告。白皮書的結構大同小異，往往包含如下幾部分。

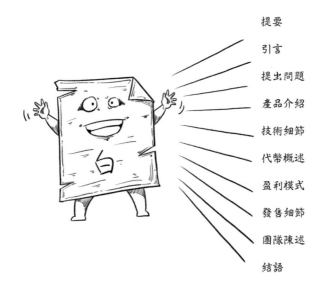

提要

引言

提出問題

產品介紹

技術細節

代幣概述

盈利模式

發售細節

團隊陳述

結語

1. 提要

　　用一段話概括整份白皮書的大意。提要大多非常短，但是會簡明地講到白皮書的每一個章節。

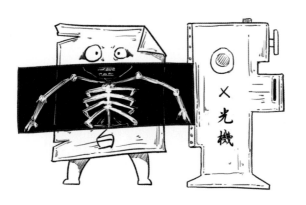

2. 引言

介紹發起項目的背景以及計劃實現的目標，好像是項目的路線圖。

3. 提出問題

這部分會指出當前本領域面臨的問題和挑戰，以及解決這些問題的重要性。

4. 產品介紹

論述本項目的作用和價值，有什麼靈光一現的產品構想，它為什麼能解決前面提到的問題。

5. 技術細節

描述這個很有用的產品是通過什麼樣的技術方案實現的，為什麼這種方案是可行的。

6. 代幣概述

介紹本項目發行的代幣的概況，如發行總量多少、交易費多少、代幣都能用來做什麼等。

7. 盈利模式

解釋本項目為什麼可以賺錢。如果是非營利性的項目，就要解釋為什麼它能夠可持續地發展（不會坐吃山空）。

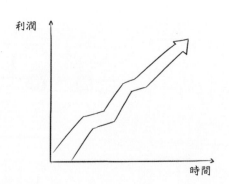

8. 發售細節

如果有代幣發售計劃，詳細介紹發售細節。

9. 團隊陳述

情懷時段，講本團隊的理念、願景、團隊文化、自我修養，還有團隊成員的光榮歷史。

10. 結語

總結陳詞，基本上就是講根據前面的論述，可以得出的結論，本項目具有如何如何的優勢，前途多麼多麼光明……

如何判斷一個項目是否靠譜

讀白皮書的時候
應該注意哪些方面呢？

可以通過分析如下
幾個方面來判斷一個項目
靠不靠譜。

能否服務社會

一個項目如果能給社會帶來便利，解決一直存在的痛點，那麼它的發展前景也就比較好。

有無技術創新

如果一個項目只是簡單地模仿其他項目，沒有創新，那麼它存在的理由就比較弱了。

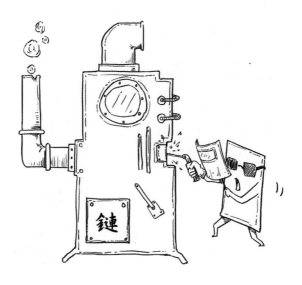

項目能否落地

產品是否有實際用途？代幣能否購買產品和服務？如果答案都是 No，那麼這就只是一個"空轉"的項目，沒有落地。

可持續性

　　一個區塊鏈項目必須有長期發展的潛力，能夠與“圈外”的社會互動並得到社會的支持，而不能只看一時的火爆。

團隊歷史

　　創始團隊成員有沒有什麼黑歷史？之前有沒有創業成功的經歷或者非法集資、“空手套白狼”的案底？

此外還要注意，不是代幣價格漲得越快就越靠譜，漲得快也可能是因為泡沫吹得大。

酵鏈劃重點

1. 白皮書是一個項目的自我介紹。

2. 一份白皮書往往包含提要、引言、提出問題、產品介紹、技術細節、代幣概述、盈利模式、發售細節、團隊陳述、結語等部分。

3. 閱讀白皮書要留意項目的社會效益、技術創新、項目落地、可持續性、團隊歷史等要素。

加密貨幣的分類

主流幣

主流幣是指具有技術原創性和市場影響力的加密貨幣,如比特幣和以太幣。

主流幣的分叉

區塊鏈協議(Blockchain Protocol)是指各節點間通信和達成共識的系統標準,如每個區塊有多大、多長時間出一個區塊、區塊內部的數據格式等。

當區塊鏈面臨新挑戰或迎來新發展，需要改版升級的時候，開發者可能對於如何修改協議有不同意見，他們有可能分成兩派，分道揚鑣。

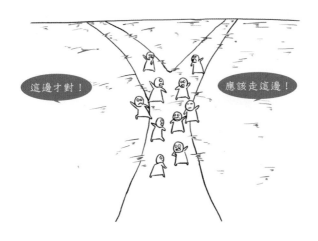

每一派都會根據自己的協議發展出一條區塊鏈，這時就會出現分叉的現象。

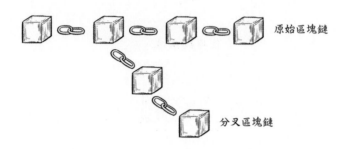

如果你在分叉以前有 100 枚虛擬幣，分叉以後你就可以在每個叉上都有 100 枚。

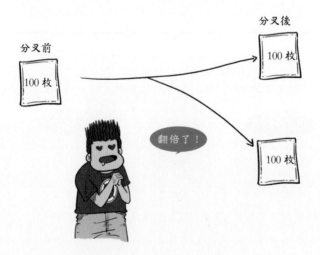

比特幣在歷史上曾經多次出現分叉現象。

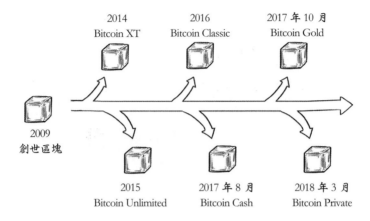

比特幣的"劈腿"往事（不完全版）

2014
Bitcoin XT

2016
Bitcoin Classic

2017 年 10 月
Bitcoin Gold

2009
創世區塊

2015
Bitcoin Unlimited

2017 年 8 月
Bitcoin Cash

2018 年 3 月
Bitcoin Private

　　以太坊也出現過多次分叉，最著名的莫過於 2016 年那次，分出了"以太坊"和"以太坊經典"兩個分支。

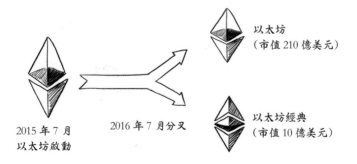

2015 年 7 月
以太坊啟動

2016 年 7 月分叉

以太坊
（市值 210 億美元）

以太坊經典
（市值 10 億美元）

山寨幣

山寨幣是指照抄主流幣，沒有技術創新的加密貨幣。

競爭幣

競爭幣是指在主流幣的基礎上有所改進和提高的加密貨幣。

代幣（Token）

代幣是指沒有自己主鏈的虛擬資產。所謂主鏈，是指獨立的有自己的節點和開發者群體的區塊鏈。

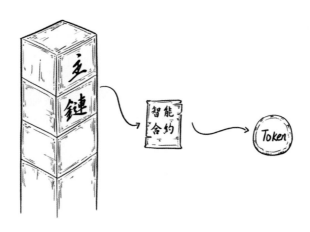

而代幣可以依託其他主鏈（如以太坊），其交易也掛靠在主鏈的區塊裏面。

代幣的定義其實並不是十分嚴格，某些有主鏈的加密貨幣有時也被稱作代幣。

傳銷幣

至於傳銷幣，是不是區塊鏈都存疑，往往是利用區塊鏈的名號忽悠人上當。傳銷幣的白皮書往往質量很差，漏洞百出。

正在上漲，趕快進場！

?！

1. 加密貨幣可以分為主流幣、山寨幣、競爭幣等類型。

2. 加密貨幣在協議出現分歧的時候會出現分叉。

3. 分叉之前就已經存在的幣，會在兩個分支內都存在與之前同樣多數量的幣。

交易所與場外交易

　　加密貨幣的交易所（exchange）並沒有一個實體建築作為辦公地點，它是一個網絡平台（網頁或 APP），在這個平台能進行多種貨幣的交易。

　　很多交易所不支持現金交易，所以需要通過場外交易（OTC）購入某種中間貨幣（如比特幣），然後再進入交易所進行交易。

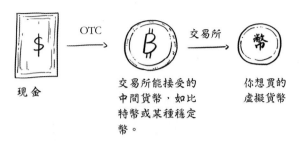

現金　　　OTC　　　交易所能接受的　　　交易所　　　你想買的
　　　　　　　　　　中間貨幣，如比　　　　　　　　　虛擬貨幣
　　　　　　　　　　特幣或某種穩定
　　　　　　　　　　幣。

　　但是，比特幣的幣值波動太大，用作中間貨幣的話，即使你的幣真實價格沒有變，但其紙面價格也會劇烈變化，很不方便。

蹦極

穩定幣

所以，就出現了穩定幣。這種加密貨幣承諾與法定貨幣（如美元）掛鉤，保持穩定的兌換關係。

之所以這麼穩，是因為每銷售一枚穩定幣，運營方承諾會將一美元現金存入指定的銀行賬戶，以便用戶隨時回購。

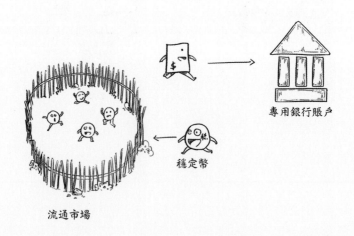

酵鏈，講了這麼多分類，能否介紹一下當下比較拉風的加密貨幣？

現在的加密貨幣種類忒多，光市值超過1億美元的就有60多種。

　　市值是指某種加密貨幣所有流通的幣的價格總和，它等於流通量乘以每枚幣的價格。

市值　　　　　　　　　＝　　流通量　　　×　　單價
Market Capitalization　　　Circulating Supply　　Price

這麼多幣就不一一介紹了，這裏只列出市值最高的幾種。其餘的如果你感興趣，可以在網上查到。

市值最高的幾種虛擬貨幣（2018 年第四季度）

市值排名	幣種	流通量	單價（美元）	市值（美元）
1	比特幣 Bitcoin	1736 萬枚	6400	1110 億
2	以太幣 Ethereum	1 億枚	208	210 億
3	瑞波幣 Ripple	400 億枚	0.5	200 億
4	比特幣現金 Bitcoin Cash	1744 萬枚	560	98 億
5	EOS	9 億枚	5.5	50 億

區塊鏈產業生態系統

醉鏈，聽你講了
半天，可我還是不知道
應該買什麼幣啊！

不必擔心，因為幣圈
只是區塊鏈產業中很小的一部
分。請欣賞我這張《區塊鏈產業
生態圖》，真正的商機就可能在
圖中的某個角落哦！

區塊鏈產業生態圖

1. 交易所是多種加密貨幣集中交易的網絡平台。

2. 多數交易所不進行現金交易，而是用某些中間貨幣進行交易。

3. 穩定幣的幣值鎖定某種法幣，便於充當中間貨幣。

4. 加密貨幣交易所（特別是現金交易所）在中國是非法的。

5. 區塊鏈是一個豐富的產業生態系統，幣圈只佔其中很小一部分。

八卦篇

我從小就想
當記者,今天當一次狗仔,
跟酵鏈去探探這些區塊鏈
風雲人物的秘密。

走起!

中本聰是誰

　　中本聰是比特幣的創造者，但是這個名字可以肯定是一個化名。它的背後可能是一個人，也可能是一個團隊。

姓名：中本聰

出生：1975 年 4 月 5 日（自稱）

國籍：日本（自稱）

持有比特幣：約 100 萬枚

目前狀態：失蹤

　　2008 年，中本聰在網上發佈了比特幣白皮書，勾畫了比特幣的藍圖。

　　2009 年，他發佈了比特幣的創世區塊並公開了源代碼，吸引了一批程序員參與到項目中來。

不過，中本聰與任何人的聯繫都是在網上進行的，神龍見首不見尾，沒有人在現實世界中見到過他。

從 2010 年起，他把比特幣的事務逐漸移交給其他開發者。2011 年，中本聰突然消失，中斷了與任何人的聯繫（有傳聞後來又短暫復出過）。

關於他消失的原因，有不少假説。有人説，他認為比特幣已經長大了，想讓它自由生長，決定放手。

也有人說，比特幣就是中本聰製造的一個斂財騙局，他早已捲款潛逃了。

還有更離奇的猜測，認為中本聰已經死亡。因為有人傳說，他賬號上的比特幣已經好幾年沒有動過了。

至於中本聰究竟是誰，有幾十個版本的猜測，甚至特斯拉老闆埃隆‧馬斯克都在嫌疑名單上。不過所有嫌疑人都否認。

更有人認為比特幣是美國政府開發出來的。中本聰這人根本不存在，只不過是一個虛擬的傀儡。

不管中本聰是誰，有一點很清楚，那就是他大約擁有全部比特幣（包括還沒挖出來的）的 5%，大約 100 萬枚。如果你有這麼多幣，你願意站出來承認嗎？

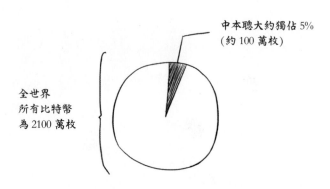

中本聰大約獨佔 5%
（約 100 萬枚）

全世界
所有比特幣
為 2100 萬枚

關鍵劃重點

1. 中本聰是一個化名。

2. 它的背後可能是一個人，也可能是一個團隊。

3. 沒有人在現實世界中見過中本聰。

4. 他目前持有約 100 萬枚比特幣，約佔總量的 5%。

比薩哥後傳

前面介紹的比薩哥，他的故事還沒完。他叫拉斯洛·豪涅茨，是美國佛羅里達的一名程序員。

姓名：拉斯洛·豪涅茨

國籍：美國

持有比特幣：近 40000 枚（最多時）

現狀：在佛羅里達州做編程工作

他向記者表示對當初的決定不後悔，為自己能參與到這個歷史事件中感到高興，但是當初真的沒想到比特幣能火成這樣。

不後悔，
沒想到。

他的這 10000 枚
比特幣並沒有白花。為了紀念
這次著名的交易，每年的
5 月 22 日被定為
"比特幣比薩日"。

2018 年，這哥們兒再次用比特幣買了兩個比薩。不過這次花的
錢少多了，只用了 0.00649 枚比特幣。

0.00649 ₿

　　而當年賣給他比薩的那個人呢？他的名字叫傑科斯（Jercos），當時才 18 歲。等那 10000 枚比特幣漲到值幾百美元的時候，他就給賣掉了。

真的錯過了 1 個億！

啊!區塊鏈!
你讓多少人的生活
地覆天翻!

你就別作詩啦!

"V 神" 的傳奇人生

維塔利克 · 布特林（Vitalik Buterin），以太坊的創建者，江湖人稱 "V 神"。

姓名：維塔利克 · 布特林

出生：1994 年，俄羅斯

國籍：加拿大

現狀：活躍於區塊鏈領域

他 1994 年生於俄羅斯，在加拿大長大。2011 年，他參與創辦了《比特幣雜誌》（*Bitcoin Magazine*）。這是世界上第一本關於加密貨幣的雜誌。

　　高中畢業後，他到加拿大的滑鐵盧大學上學，和很多 IT 天才一樣，很快從大學退學，專心投入區塊鏈領域。

　　在隨後幾年中，他提出了智能合約的構想，並和其他合作夥伴一起創建了以太坊。

　　"V 神"的確很神。他能流利使用英語、俄語和中文,擅長編程、數學和經濟學,可謂少年天才,三頭六臂。

不過在他身上也有不少爭議，如紐約大學教授、著名經濟學家努里埃爾·魯比尼就指責他藉預挖礦斂財。

努里埃爾·魯比尼
（Nouriel Roubini）

維塔利克·布特林
（Vitalik Buterin）

虛擬世界的貧與富

　　這個爭論引出了加密貨幣的貧富差距問題。以比特幣為例，它在人群中的分配極度不平均。

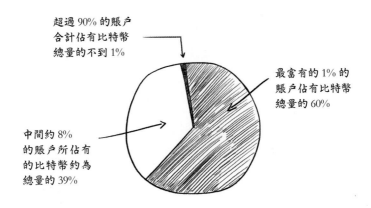

超過 90% 的賬戶合計佔有比特幣總量的不到 1%

最富有的 1% 的賬戶佔有比特幣總量的 60%

中間約 8% 的賬戶所佔有的比特幣約為總量的 39%

　　利用堅尼係數也可以得出同樣的結果。堅尼係數是用來衡量某個人群貧富差距的。這個係數為 0，代表絕對平均；為 100%，代表絕對不平均（社會所有財富被一個人佔有）。

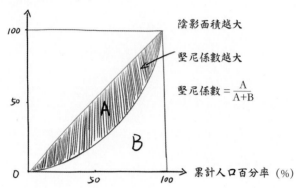

累計收入百分率（%）

100

陰影面積越大

堅尼係數越大

$$堅尼係數 = \frac{A}{A+B}$$

50

A

B

0   50   100   累計人口百分率（%）

加密貨幣的堅尼係數往往超過 80%，比一般國家的堅尼係數大得多。世界上貧富差距最大的國家（如洪都拉斯）的堅尼係數也只有 60% 左右。

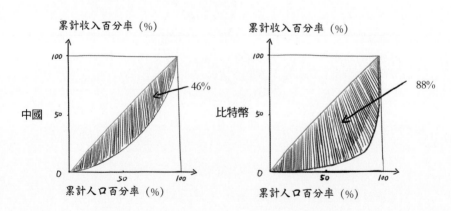

累計收入百分率（%）

100

46%

中國 50

0   50   100

累計人口百分率（%）

累計收入百分率（%）

100

88%

比特幣 50

0   50   100

累計人口百分率（%）

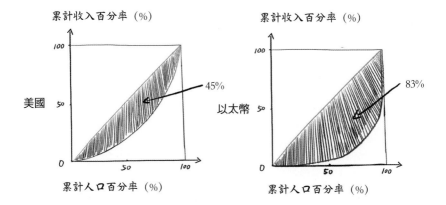

1. "V 神"生於俄羅斯,在加拿大長大。

2. 他創立的以太坊已經成為市值僅次於比特幣
   的區塊鏈系統。

3. 加密貨幣存在嚴重的貧富不均問題,引發人
   們對公平的擔憂。

加密貨幣的價值在哪裏

既然加密貨幣的
貧富差距這麼大,我們為
什麼要用它呢?它的價值
究竟在哪裏呢?

對此,"V 神"説過:"僅有保值功能(Store of Value, SOV)的加密貨幣不可能持久。"他認為,加密貨幣必須是"能工作"的。

純 SOV 是不可持續的。

關於這個問題一直存在兩派。一派認為加密貨幣就像黃金，其稀缺性足以保證其價值。

而另一派則認為，加密貨幣必須有應用場景，沒有實際用途的都是泡沫。

這一論戰還未分勝負，究竟孰是孰非，需要時間來檢驗。

 **酵鏈劃重點**

1. 關於加密貨幣的價值，有兩種針鋒相對的觀點。

2. 有人認為，稀缺性本身就足以讓加密貨幣保值。

3. 也有人認為，只有具有應用功能的加密貨幣才是有價值的。

商業大佬談區塊鏈

酵鏈，照這麼說，加密貨幣的前途還是生死未卜啊！

嗯，我們不妨聽聽商業大亨們都是如何評價加密貨幣和區塊鏈技術的。他們豐富的商業經驗也許會給我們一些啟發。

比特幣不生產任何東西。它是一種純粹的"鬥傻理論"（Greater Fool Theory）的投資。如果有什麼簡單的方法做空比特幣的話，我肯定會做。

比爾·蓋茨（微軟創始人）

"鬥傻理論" 是
什麼意思呢？

你花高價買了一隻很爛的
股票，然後希望一個比你更傻的人把
它買走，這樣你就可以賺錢了。這種
腦回路就叫做"鬥傻理論"。

你買了比特幣以後，因為它不會生產任
何東西，所以你唯一的希望就是別人會花更
高價把它買走。你之所以覺得可以找到一個
願意出更高價的人，是因為這個人也覺得能
以更高的價賣出去。這不是投資，這是投機。

沃倫·巴菲特
（伯克希爾·哈撒韋公司董事長）

我覺得區塊鏈不是泡沫，但是今天的比特幣是泡沫。比特幣只是區塊鏈的一個很小的應用，但它被吹成這個樣子，我覺得是因為我們不去了解區塊鏈。今天的區塊鏈不是五年以後的區塊鏈，更不是十年以後的區塊鏈。區塊鏈不是一個巨大的金礦，它必須是一個解決方案，是解決進入數據時代的隱私和安全問題的方案。

馬雲（阿里巴巴集團創始人）

馬克・庫班
（NBA 達拉斯獨行俠隊老闆）

如果你真想投，可以用你存款的 10% 購買比特幣或者以太幣。不過買完之後你必須只當這些錢已經賠光了。現在漲得很快，但是我會限制在 10% 以內。

比特幣既不是一個有效的交換媒介，也不是一種有效的保值工具，它是一種投機泡沫。

瑞·達里奧（橋水基金老闆）

幾年前，一個朋友給了我 0.25 個比特幣，但是我不知道放在哪兒了。

埃隆·馬斯克
（SpaceX 和特斯拉汽車 CEO）

如果有人有很多比特幣，他們可以用它們購買我們公司的太空船票，去月球旅遊。這樣他們就不用坐埃隆（馬斯克）的太空船了。至於我會賣掉還是持有那些比特幣，那就另說了。我也不傻，要趁著客戶有錢，趕緊賺到手。

理查德·布蘭森（維珍航空老闆）

比特幣的數量是有限制的，不像政府發行的貨幣，想發多少就發多少。所以，比特幣的價值比美元還真實。

史蒂夫·沃茲尼亞克
（蘋果公司聯合創始人）

尾 聲

不說我倒忘了，
你的頭髮又該理
理了哦！

嘻嘻！讀了這
本書我再也不
會做韭菜啦！

The End

附錄一：中英文索引

中　文	英　文	簡　稱	首次出現頁碼
區塊鏈	blockchain		iii
比特幣	Bitcoin		iii
加密貨幣	cryptocurrency		vii
分佈式網絡	distributed network		11
去中心化系統	decentralised system		10
中心式網絡	centralised network		11
節點	node		10
共識	consensus		7
拜占庭將軍問題	Byzantine Generals' Problem		21
拜占庭容錯	Byzantine fault tolerance		28
公開賬本	open ledger		29
廣播	broadcast		30
區塊	block		4
哈希算法	hash algorithm		31
算法	algorithm		iii
哈希值	hash value		37
碰撞	collision		43
密鑰	key		50
對稱加密	symmetric cryptography		51

中　文	英　文	簡　稱	首次出現頁碼
非對稱加密	asymmetric cryptography		50
公鑰	public key		53
私鑰	private key		53
數字簽名	digital signature		56
交易記錄	transaction record		31
一次性隨機數	nonce		59
工作量證明	Proof-of-Work	PoW	60
挖礦	mining		60
協議	protocol		65
智能合約	smart contract		90
以太坊	Ethereum		93
法幣	fiat money		95
化名	pseudonym		97
公鏈	public chain		102
私鏈	private chain		102
分佈式計算	distributed computing		119
去中心化自治組織	Decentralized Autonomous Organization	DAO	93
擴展性	scalability		129
每秒交易量	Transactions Per Second	TPS	129

中　文	英　文	簡　稱	首次出現頁碼
礦池	mining pool		130
側鏈	sidechain		140
權益證明	Proof-of-Stake	PoS	135
零知識證明	Zero-knowledge Proof	ZKP	138
有向無環圖	Directed Acyclic Graph	DAG	142
投資	investment		iv
投機	speculation		148
首次代幣發行	Initial Coin Offering	ICO	151
白皮書	white paper		154
主流幣	mainstream		168
區塊鏈協議	Blockchain Protocol		168
分叉	fork		168
山寨幣	copycat		172
競爭幣	competitive		172
代幣	token		151
傳銷幣	pyramid scheme		174
交易所	exchange		176
場外交易	over the counter	OTC	176
穩定幣	stablecoin		177

中　文	英　文	簡　稱	首次出現頁碼
市值	market capitalization		vii
中本聰	Satoshi Nakamoto		8
比特幣雜誌	Bitcoin Magazine		197
預挖礦	pre-mining		200
堅尼係數	Gini coefficient		201
保值	Store of Value	SoV	96
鬥傻理論	Greater Fool Theory		208

附錄二：王俊嶺手繪草圖

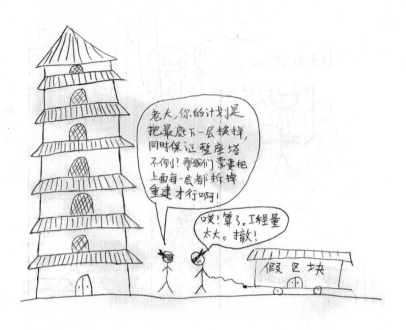

後　記

　　親愛的讀者，當您讀到這篇後記的時候，我猜您八成已經讀完了拙作。不知道您是否滿意？

　　這本書從籌備到出版經歷了大約一年的時間，光寫作就花了半年多。現在回想起來，這段經歷還是充滿艱苦的回憶。每天幾個小時，在圖書館搜腸刮肚，想盡辦法用簡單又精確的文字和漫畫表達抽象的概念。最終送到您手上的這本書，從技術、應用、投資、八卦等角度介紹了區塊鏈的基本知識，內容盡量做到在有趣易懂的基礎上不失其準確性。

　　我始終相信，作為一本書，最起碼的屬性應該是 "能讀得懂"。但是市面上的很多圖書（尤其是 IT 類圖書）似乎是給已經學會的人準備的。如果您已經提前理解了書中的知識，會發現書上寫的確實是對的；但是如果您原本沒學過，可能根本不知道書裏說的是什麼。這種猜謎式的書我也讀過很多，深受其苦。所以，我一直努力讓我的書是絕大多數人都能讀懂的。如果您覺得本書講述得還算明晰，也就不枉我辛苦一場啦。

當然，本書的孕育成形不僅僅是我一個人的工作。首先，感謝朱文平先生，是他提出了漫畫加文字的表現形式，以及"劃重點"式的章節小結，為整本書策劃了基本樣式。其次，策劃編輯提出"以主角講故事的方式做技術科普"，如果沒有這個策劃，那麼"王酵鏈"和"莫九九"這兩個串場主角的嬉笑怒罵也不會出現。最後，還有畫風幽默的專業插畫師成成，是他把我的"靈魂畫風"的草圖轉化成讀者眼前的漫畫，真是難為他了。

　　如果您還有什麼問題和建議想與我探討，請發電子郵件到如下地址：wang-junling@qq.com，期待收到您的寶貴反饋。

王俊嶺

2019 年 7 月 3 日